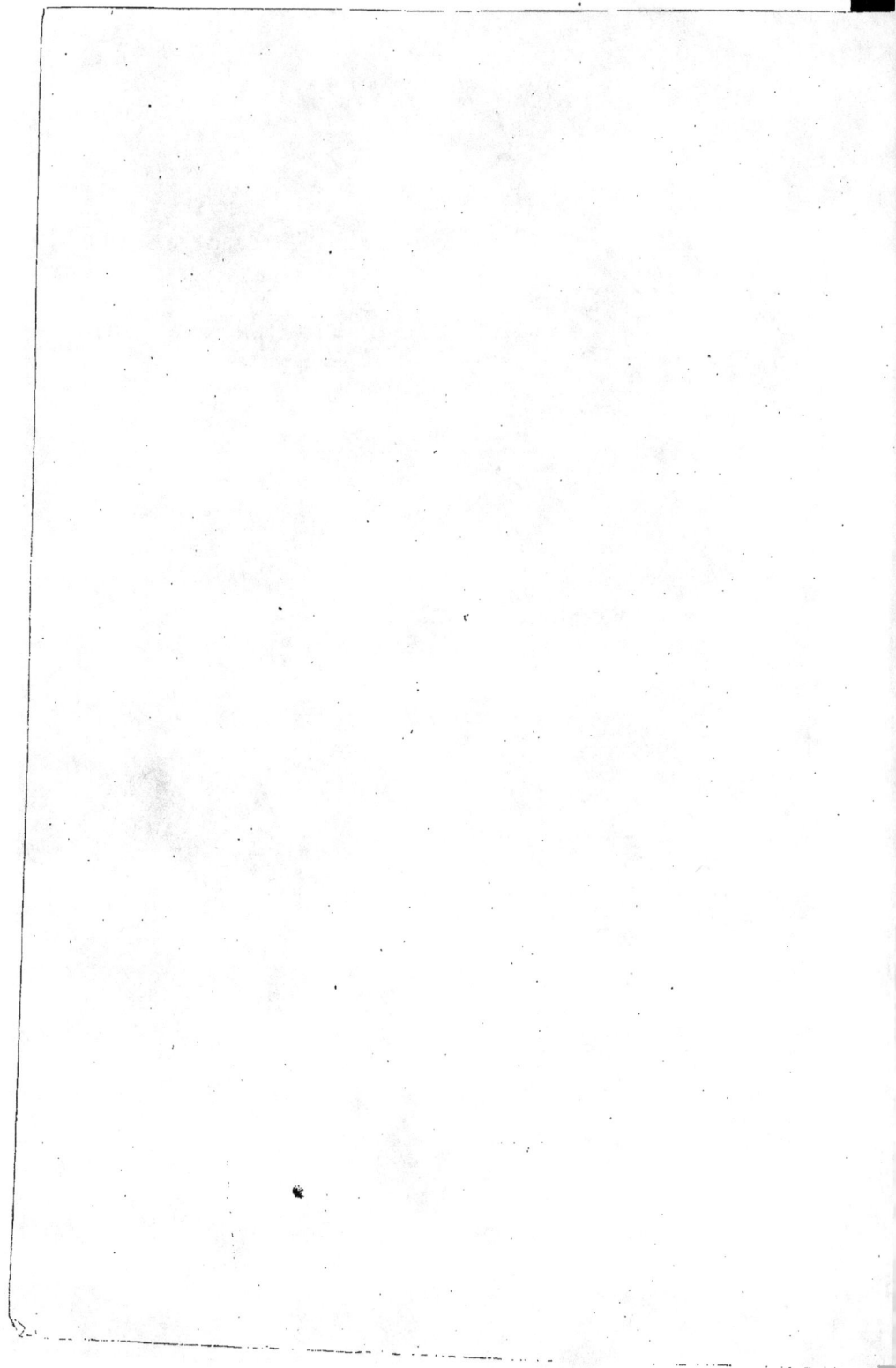

CONSIDÉRATIONS

SUR LA MÉTHODE D'OBSERVATION EXPÉRIMENTALE

ANTHROPOLOGIE,

Par M. SERRES.

Paris. — Imprimé par E. THUNOT et Cᵉ, rue Racine, 26.

CONSIDÉRATIONS

SUR LA MÉTHODE D'OBSERVATION EXPÉRIMENTALE

EN ANTHROPOLOGIE.

———

PREMIÈRE LEÇON,

RECUEILLIE, LE 28 OCTOBRE 1854, PAR M. E. DERAMOND,

Préparateur de la chaire d'anthropologie au Muséum.

————

Le seizième siècle venait de finir ; ce siècle si remarquable dans l'histoire des sciences naturelles venait de clore, par la découverte de valvules des veines (1574), la série brillante de ses découvertes sur l'ana- tomie de l'homme. La pensée humaine se trouvait affranchie des liens qui l'enchaînaient à l'antiquité ; le libre examen était introduit dans la science de l'homme et la maxime des écoles ; *ipse dixit*, le maître l'a dit, n'était plus qu'une arme rouillée de la scolastique.

Le dix-septième siècle s'ouvrit sous ces auspices. Le siècle précé- dent s'était occupé de la forme, de la topographie et des rapports des organes de l'homme, le dix-septième siècle s'occupa de leur structure, et, par l'étude de la structure, il fut conduit à celle de leur usage ou de leurs fonctions ; et, par les fonctions, il fut logiquement entraîné à

Galien n'avait pas été aussi absolu que ses adeptes dans la répulsion du poumon ; car, en soutenant que le sang du ventricule droit passait dans le gauche, à travers la cloison qui sépare ces deux cavités, il ajoutait que le reste de la colonne sanguine entrait dans l'artère pulmonaire et était destinée à la nourriture du poumon. Quand on recherche la cause du silence de ce physiologiste sur l'action du poumon, on la trouve dans son antagonisme avec les vues remarquables émises par Érasistrate sur la circulation de l'air.

Suivant cet ingénieux auteur, petit-fils d'Aristote, l'air entrait par le larynx dans les bronches, passait de ces tuyaux dans les dernières ramifications bronchiques, parvenait au ventricule gauche, et de là se répandait, par les ramifications de l'aorte, dans toutes les parties du corps. Les valvules de l'aorte avaient pour but d'empêcher l'air de rétrograder. Dans cette hypothèse, ce n'était pas le sang qui allait au devant de l'air, mais l'air qui allait vivifier le sang dans les ramuscules les plus déliés des veines. Comme on peut le voir, cette circulation aérienne était en grand ce qu'est en petit la circulation aérienne des insectes découverte vingt-cinq siècles plus tard.

Galien repoussa de toutes ses forces cette prétendue circulation aérienne ; de sorte qu'après avoir établi, comme nous venons de le montrer, qu'une masse de sang traversait l'artère pulmonaire, il dit ensuite qu'il en passe seulement une petite quantité de l'artère pulmonaire dans les veines du même nom.

Ce fut à l'aide de ces faibles traces et au milieu de ces contradictions que Michel Servet établit, comme un principe certain, que le passage du sang du ventricule droit dans le ventricule gauche ne se fait pas à travers la cloison mitoyenne de ces ventricules, mais bien que ce fluide est porté du ventricule droit du cœur dans les poumons par l'artère pulmonaire, et qu'il revient des poumons dans le ventricule gauche par les veines du même nom, dont les rameaux s'anastomosent avec ceux de l'artère. Le sang sort ensuite du ventricule gauche par l'aorte pour se distribuer dans tout le corps (1).

Michel Servet est donc le premier qui ait décrit la circulation du sang dans les poumons. Mais cette vérité si importante était tellement cachée et pour ainsi dire tellement étouffée sous un amas d'erreurs

---

(1) Michel Servet, CHRISTIANISMI RESTITUTIO ; 1553 ; in-8°, sans indication de lieu ni d'imprimeur.

et de discussions théologiques, que les physiologistes n'y firent nulle attention jusqu'à Columbus, qui la reprit et la montra sous un jour plus lumineux que Servet; car il dit expressément que le sang circule du cœur dans les poumons et des poumons dans le cœur. A l'appui de cette idée, il observe avec raison que le sang ne passe pas du ventricule droit dans le ventricule gauche, à travers les pores ou les trous de la cloison mitoyenne : une autre voie conduit nécessairement ce fluide dans le ventricule gauche ; l'artère pulmonaire, dont les ramifications s'unissent avec celles de la veine du même nom, est le chemin véritable que suit le sang pour se rendre au ventricule gauche, en pénétrant dans le tissu des poumons.

Ces idées de Columbus furent développées par Arantius, le même qui avait eu l'audace, dit Fabrice d'Aquapendente, de dire que Galien s'était trompé en attribuant au foie l'origine du sang. Arantius développant les vues de Colombus dit : « Il était nécessaire que le sang » passât par l'artère et les veines pulmonaire spour se rendre au ventri- » cule gauche. La nature nous a montré cette nécessité dans le fœtus. » Comme, chez ce dernier, les poumons ne permettaient pas au sang » de les traverser, il devait trouver un passage qui lui fût ouvert ; » or c'est dans le canal artériel que, chez le fœtus, le sang trouve ce » passage, mais, dès qu'il est fermé, il faut qu'en circulant par les » poumons, le sang puisse continuer son cours vers le ventricule » gauche du cœur. »

Par suite de ces vues anthropologiques, Arantius ébranlait le galénisme en déplaçant l'origine du sang, en le portant du foie sur le placenta qui, pendant quelque temps, prit le nom de foie d'Arantius (*hepar Arantii*). On l'eût plus justement nommé le poumon d'Arantius, si, comme déjà nous l'avons dit, l'organe pulmonaire eût été apprécié dans son action ; car, pour faire du placenta le siége de l'hématose, Arantius démontra que les vaisseaux de l'utérus ne se continuaient pas, comme Galien le supposait, avec ceux de l'embryon: vérité que Fabrice d'Aquapendente fut, à son grand regret, obligé d'adopter.

Après Servet et Columbus, Césalpin, médecin du pape Clément VIII, reconnut de même la circulation du sang dans le poumon. « Il se pré- » sente, dit-il, un phénomène singulier dans les veines: elles s'enflent » au-dessous de la ligature et non au-dessus ; or si, d'après la loi cen- » trifuge, le sang et les esprits coulaient des viscères dans le reste du » corps par les veines, le contraire de ce qu'on observe, dans l'appli-

» cation d'une ligature au bras, devrait arriver. Mais les vaisseaux du
» cœur sont tellement disposés, que le sang sortant de la veine cave
» est porté d'abord dans le ventricule droit, et ensuite dans les pou-
» mons par l'artère pulmonaire, d'où il est ramené dans le ventricule
» gauche par les veines pulmonaires, et de ce ventricule dans l'aorte.
» La *chaleur naturelle*, le *sang* et les *esprits* répandus dans toute
» l'habitude du corps par l'aorte, retournent au cœur pendant le som-
» meil, par les veines et non par les artères, car la voie est ouverte
» de la veine cave au cœur ; c'est pour cela que, pendant le som-
» meil, les veines sont plus enflées, comme on peut s'en apercevoir en
» examinant celles de la main » (1).

Cependant le préjugé qui asservissait tous les esprits aux erreurs
anciennes, combattit avec obstination pour le sentiment de Galien.
Ambroise Paré, Langius de Lemberg, Valverda, Pigafetta, Borgarucci
n'aperçurent, dans cette découverte, qu'un système nouveau, qu'une
opinion à laquelle on pouvait accorder quelque degré de probabilité,
croire ou ne pas croire, selon son bon plaisir.

Ce système nouveau, cette opinion tout au plus probable était déjà
presque entièrement oubliée, lorsque Harvey, disciple de Fabrice d'A-
quapendente, annonça que le sang sort du cœur pour circuler par les
artères dans toutes les parties du corps, et que de ces parties il est ramené dans le cœur par les veines. L'ouvrage qui contient cette grande
vérité est intitulé : Exercitatio anatomica de motu cordis et sanguinis
in animalibus. Il fut imprimé pour la première fois à Francfort, en
1628.

L'examen attentif du mouvement du cœur et des artères, leurs
pulsations alternatives, le gonflement toujours subsistant des veines
situées au-dessous de la ligature appliquée au bras dans l'opération de
la saignée, les expériences que fit Harvey sur des animaux vivants,
tous ces objets produisirent une suite de vérités qui lui dévoilèrent le
mystère de la circulation.

L'usage des valvules veineuses ne fut plus une énigme. Harvey démontra, de plus, que le cœur ne se meut, n'agit que lorsqu'il se res-
serre ; cette contraction est nommée systole ; dans sa dilatation ou
diastole, il devient passif et ses fibres se détendent. Cet organe ne jouit
donc que d'un seul mouvement, par lequel il s'élève, sa pointe se re-

---

(1) Quæstion. peripat., lib. v, cap. 4. — Quæstion. medic., lib. ii, cap. 17.

dresse et c'est alors qu'il frappe les côtes et qu'on sent ses battements. Dans cet état, ses fibres se raccourcissent, les ventricules deviennent plus petits, et le sang sort avec impétuosité. Ce jet du sang répond à la contraction des ventricules. Les battements du pouls, continue Harvey, ne dépendent donc que de l'action du sang poussé dans les cavités des artères. A chacune de ses contractions, le cœur envoie une certaine quantité de sang dans les artères; comme ces contractions sont fréquentes, la masse du sang qui parcourt ces vaisseaux dans une heure, par exemple, doit être fort grande.

Ce principe posé, c'est une nécessité que le cœur reçoive à chaque instant de nouveau sang; il faut que ce sang y abonde continuellement, et qu'il accoure de toutes les parties. Or il ne peut se rendre au ventricule droit que par les veines; leurs valvules favorisent continuellement le retour du sang vers le cœur; mais le sang que ces vaisseaux renferment serait bientôt épuisé, s'il n'y avait une source qui portât sans cesse ce fluide dans les vaisseaux veineux, à proportion qu'ils se vident et qu'ils se dégorgent dans le cœur. Cette source du sang existe nécessairement dans les artères, elles seules peuvent le porter dans les veines; il n'y a point d'autres canaux qui puissent l'y conduire. Mais les artères seraient elles-mêmes bientôt désemplies, si elles ne recevaient le sang d'une autre source qui ne s'arrête point. Or cette source est dans le cœur : à proportion qu'il reçoit le sang des veines, il le rend aux artères. Il y a donc, conclut Harvey, une circulation continuelle qui conduit le sang du cœur dans les artères, et qui de ces artères le fait rentrer dans les veines pour revenir au cœur (1).

Harvey trouva de nouvelles preuves de la circulation, dans les effets de la contagion et de la morsure des chiens enragés. Le virus vénérien s'insinue quelquefois dans le corps sans laisser aucune impression sur les parties génitales. Après une blessure faite par un chien enragé, la fièvre s'allume, les symptômes de la rage se développent, toute l'habitude du corps a été infectée par le levain venimeux; or c'est le sang qui a porté ce venin dans le cœur, et de là dans les autres parties.

---

(1) « His positis sanguinem circumire revolvi, propelli et remeare à corde in extremitates et inde cor versùs, et sic quasi circularem motum peragere, manifestum puto fore. (Cap. 9.)

L'application extérieure des médicaments et leurs effets sur les parties internes, confirment ces mêmes idées. L'aloès, la coloquinte, pénètrent à travers la peau dans les intestins, et lâchent le ventre : les cantharides portent leur action dans la voie des urines, les cordiaux fortifient, l'ail appliqué au pied facilite l'expectoration ; enfin, dit Harvey, on peut soupçonner qu'il y a des veines absorbantes extérieures qui s'imbibent de ce qui se présente à leur embouchure, comme les veines du mésentère pompent le chyle contenu dans les intestins pour le porter au foie (1). A mesure que les artères deviennent plus petites et s'éloignent du cœur, leurs pulsations s'affaiblissent, leur diamètre diminue, et elles se changent, pour ainsi dire, en veines (2).

Le sang qui circule des artères dans les veines y passe ou à travers les porosités des chairs, ou peut-être, par une communication médiate ou immédiate, de l'un de ces vaisseaux dans l'autre. Au reste, dit Harvey, je n'ai pu découvrir cette anastomose ou communication des artères avec les veines que dans trois endroits seulement, savoir : dans les artères carotides, avec les veines du plexus choroïde ; dans les artères spermatiques avec les veines du même nom, et dans les artères ombilicales avec la veine ombilicale. J'ignore si cette communication a lieu dans le reste du corps (3).

Tels furent les travaux de cet homme célèbre ; ils produisirent une révolution dans la médecine, et de vaines critiques dictées par la jalousie. Des succès aussi brillants méritaient assurément toute l'attention de l'envie : la plupart des anatomistes s'élevèrent contre cette découverte importante, et son auteur ne fut, à leurs yeux, qu'un disséqueur d'insectes, de grenouilles et de serpents. Les vieux médecins surtout ne crurent pas qu'il leur restât quelque chose à apprendre ; et, suivant l'expression d'un anatomiste moderne, ils moururent satisfaits de leur ignorance.

Lorsqu'après bien des disputes, les esprits les plus obstinés furent forcés au silence, quelques érudits s'empressèrent d'ôter à Harvey

---

(1) Cap. 16.

(2) « Ultimæ divisiones capillares arteriosæ, videntur venæ non solùm constitutione, sed et officio, etc. » (Cap. 17, p. 101.)

(3) « Ego quâ potui diligentiâ perquisivi et non parum olei et opera perdidi, etc. » (EXERCITATIO ANATOM. PRIMA, DE CIRCULAT. SANG. Ad Riolan, p. 124.

l'honneur de sa découverte pour en faire hommage, les uns à Hippo-
crate, les autres à Platon, à Némésius, et même à Paolo Sarpi.

La découverte de la circulation par Harvey est devenue le Nouveau
Testament de la physiologie et de la médecine. De là son intérêt; de là
son influence immense sur la marche progressive des sciences anato-
miques, physiologiques et médicales; car, avaient objecté les plus
sages des opposants, le sang n'est pas le seul fluide qui entre dans la
composition des animaux. Que deviennent principalement le chyle et
la lymphe, si abondants et si précieux dans l'économie de l'homme?
Circulent-ils aussi? entrent-ils dans ce tourbillon incessant que vous
faites parcourir au sang?

Pendant que les écoles se consolaient de leur défaite par de sembla-
bles objections, Asselius découvrait, en 1622, les vaisseaux chylifères,
entrevus deux mille ans auparavant par Érasistrate et par Hérophile.
Asselius prit d'abord ces vaisseaux pour des nerfs du mésentère, mais
en ayant ouvert un, il en vit sortir un liquide blanc comme du lait.
C'était le chyle qu'il faisait aboutir au foie pour y être transformé en
sang.

Le célèbre Hoffmann, qui passa toute sa vie à défendre Aristote et
Galien, nia l'existence de ces vaisseaux, même après que Pecquet eut
découvert la citerne chylifère, située entre la dernière vertèbre dorsale
et la première lombaire.

Nous ne saurons bientôt plus rien, disaient avec amertume les anciens médecins, si nous ne barrons le chemin à ce débordement de découvertes; et, avant que le chemin ne fût barré, Van Horme et Bartholin démontrèrent, chez l'homme, le canal thoracique et son insertion
dans la veine sous-clavière gauche, découverte qui mit le sceau à celle
des vaisseaux chylifères, en versant le chyle dans le torrent de la circulation.

Tout le monde alors se rendit à l'évidence; Riolan seul persista dans
son erreur, il voulut mourir en croyant aveuglément ce que les anciens
avaient enseigné. Riolan est le type des médecins flagellés par Mo-
lière.

Les vérités sont filles les unes des autres. A peine la marche du chyle
était-elle démontrée, qu'en 1650 Rubec découvrait les vaisseaux lympha-
tiques, vaste système qui pénètre tous les organismes, mais que sa té-
nuité extrême dérobait au scalpel des anatomistes. Un an plus tard,
(1651), Bartholin suivait leur insertion dans le canal thoracique.

Ainsi, voilà les principales humeurs de l'économie de l'homme mises en mouvement, et leur marche déterminée par la méthode expérimentale, avec une certitude qui ne laisse rien à désirer.

Que faisait Harvey, pendant que les écoles s'obstinaient à repousser la découverte de la circulation du sang? Que répondait-il à ses adversaires? Harvey répondait par la publication d'un petit livre d'or, intitulé DE GENERATIONE, petit livre qui allait remuer le monde savant bien autrement encore que ne l'avait fait la découverte de la circulation. Car dans ce petit livre, tout en montrant que la méthode expérimentale était l'unique voie propre à éclairer la formation de l'homme et des animaux, non-seulement il sapait dans ses fondements la doctrine antique de la préexistence des germes, et celle de leur éternel emboîtement; mais de plus, sur les ruines de ces hypothèses fameuses, il élevait la théorie de l'épigénèse, destinée à nous donner la clef du développement des êtres organisés.

La découverte du microscope vint juste à point, vers le milieu du dix-septième siècle, pour nous ouvrir le monde des infiniment petits, dans lequel se renouvellent les mystères de la création de ces êtres.

Malpighi d'abord, puis Leuvenhoek, puis, sur leurs traces, mille autres observateurs pénétrèrent, par la méthode expérimentale, dans ce monde, invisible à l'œil nu, et y découvrirent un nouvel ordre de faits qui jetèrent la plus vive lumière sur la structure des parties. Tous les organismes posèrent tour à tour sur le porte-objet du microscope, et y mirent à nu leur composition intime ou leur *génération*, pour nous servir du terme des premiers micrographes.

Deux faits capitaux se détachèrent de ces études microscopiques et expérimentales : ce fut, d'une part, les animalcules spermatiques, et, de l'autre, la classe entière des animaux infusoires.

Un mouvement scientifique si important et si nouveau demandait un appréciateur indépendant qui en imposât aux écoles et en fît l'application aux diverses branches de l'anthropologie. Cet appréciateur et initiateur tout à la fois fut Boerrhaave, dont le savoir était immense et dont les cours rassemblaient autour de lui les anatomistes éminents de l'Europe. Boerrhaave peut être défini le commentateur d'Harvey.

Dans le dix-huitième siècle, Haller en est le continuateur; il remplit ce siècle par l'immensité de ses travaux et par la consécration définitive de la méthode expérimentale en anthropologie.

Haller fit, pour les quinzième, seizième et dix-septième siècles, ce qu'avait fait Galien pour les temps anciens. Il rassembla tous les matériaux épars, et il en ajouta un si grand nombre en les coordonnant, qu'on est toujours surpris qu'une vie humaine ait pu suffire à tant de labeurs.

En vain cette anatomie de cadavre a-t-elle étendu et multiplié ses descriptions, en vain a-t-elle poursuivi, jusqu'à l'extrême lassitude, ici un filet nerveux, là une fibre musculaire, ailleurs un imperceptible vaisseau : en vain a-t-elle fait des anatomies descriptives, des anatomies des régions, des anatomies topographiques, etc., la science de Haller a prévalu.

L'impulsion de Haller a été maintenue, en effet, par Vicq-d'Azyr et Bichat : Vicq-d'Azyr l'a maintenue par ses belles études sur le cerveau et l'introduction de la méthode homologique dans la science de l'homme ; Bichat par son traité des membranes, par son ouvrage sur l'anatomie générale et par son livre sur la vie et la mort.

On n'a pas assez remarqué, ou même on n'a pas remarqué du tout, que le succès immense des ouvrages de Bichat a sa source dans l'association constante de la méthode expérimentale à la méthode d'observation, association des deux méthodes qui va devenir le trait dominant des travaux du dix-neuvième siècle.

Mais avant que cette association ne se cimente, nous devons signaler un retour exclusif à la méthode d'observation qui produisit, dans l'histoire naturelle des animaux, la révolution que le seizième siècle avait produite dans l'histoire naturelle de l'homme.

Linné en est le promoteur : il appliqua aux animaux l'étude de la forme que le seizième siècle avait appliquée aux organes, et il les divisa, comme ces derniers, en classes, ordres, genres et espèces. Buffon se plaça en travers de cette squelettologie de la nature, d'où sortirent cependant la zoologie et l'anatomie comparée : la zoologie, sous la direction de Daubenton, de Geoffroy-Saint-Hilaire et de Cuvier ; l'anatomie comparée, sous celle de Vicq-d'Azyr, de Cuvier, de Geoffroy et de Blainville.

Dans ce grand mouvement de l'histoire naturelle des animaux, Cuvier fut le continuateur de Linné, Geoffroy fut le continuateur de Buffon.

Cuvier couronna l'application exclusive de la méthode d'observation par la distinction linnéenne des animaux fossiles ; Geoffroy couronna la méthode buffonienne par l'application de la méthode analogique à la zoologie. Il fit, pour les animaux, ce que Bichat avait fait pour les organes, en prenant son assise, par une conception hardie, sur l'ostéogénie de l'homme.

L'anthropologie, délaissée pendant la durée de ce culte aristotélique de l'animalité, reprend enfin le rang qui lui est assigné par la nature, dans l'ordre de la création. Elle reprend la tête de l'histoire naturelle, et elle la reprend par l'association intime de la méthode expérimentale à la méthode d'observation, association intime à laquelle ont si puissamment contribué les travaux de notre illustre chimiste, M. Chevreul.

FIN.